Unsere Gartenvögel

KOSMOS

In alphabetischer Reihenfolge

Amsel 40
Bachstelze 28
Blaumeise 1
Bluthänfling 35
Buchfink 33
Buntspecht 45
Eichelhäher 47
Elster 46
Feldsperling 32
Fitis 12
Gartenbaumläufer 8
Gartengrasmücke 15
Gartenrotschwanz 23
Gelbspötter 13
Gimpel 36
Girlitz 24
Goldammer 39
Grauschnäpper 19
Grünfink 34
Grünspecht 49
Haubenmeise 5
Hausrotschwanz 22
Haussperling 31
Heckenbraunelle 10
Kernbeißer 38

Klappergrasmücke 16
Kleiber 7
Kohlmeise 2
Mauersegler 25
Mehlschwalbe 27
Mönchsgrasmücke 14
Nachtigall 29
Rabenkrähe 48
Rauchschwalbe 26
Ringeltaube 42
Rotkehlchen 21
Schwanzmeise 6
Singdrossel 41
Sommergoldhähnchen 18
Star 30
Stieglitz 37
Stockente 50
Sumpfmeise 4
Tannenmeise 3
Trauerschnäpper 20
Türkentaube 43
Waldohreule 44
Wintergoldhähnchen 17
Zaunkönig 9
Zilpzalp 11

Auf einen Blick

Sicher bestimmen 6
Die Vogel-Gruppen 10
Vögel beobachten 14
Vögel füttern 16
Nisthilfen im Garten 18

Die Vögel im Porträt 20

■ Vögel, die kleiner als ein Spatz sind 22

■ Vögel, die kleiner als eine Amsel sind 70

■ Vögel, die kleiner als eine Krähe sind 100

■ Vögel, die so groß wie eine Krähe oder größer sind 116

Nützliche Adressen 122
Zum Weiterlesen 123
Register 124

Sicher bestimmen

Zaunkönig

Zur leichteren Orientierung finden Sie über jeder Seite die Kennfarben des Kosmos-Farbcodes. Sie teilen die Vögel nach ihrer Körpergröße in 4 verschiedene Gruppen ein. Dabei werden die 3 sehr bekannten Arten Spatz (Haussperling), Amsel und Krähe zum Größenvergleich herangezogen.

 Gelb kleiner als Haussperling (Spatz), abgekürzt: kleiner als Spatz

 Rot wie Spatz oder größer, aber kleiner als Amsel, abgekürzt: kleiner als Amsel

 Blau wie Amsel oder größer, aber kleiner als Rabenkrähe; abgekürzt: kleiner als Krähe

 Grün wie Rabenkrähe oder größer; abgekürzt: wie Krähe oder größer

Innerhalb der Gruppen befinden sich Arten aus mehreren Familien, die mit Symbolen charakterisiert sind. Die Erklärung dieser Symbole finden Sie auf den Seiten 10–13.

Die Vogel-Steckbriefe
Der die Fotos begleitende Text ist in mehrere Abschnitte untergliedert.

Wissenswertes In dieser Rubrik werden für jede Vogelart interessante Details der Lebensweise genannt. Diese Informationen sollen Ihnen nicht nur einen Einblick in die Biologie Ihrer Gartenbesucher erlauben, sondern auch bei der Bestimmung behilflich sein – beispielsweise die Beschreibung, wie die Vögel nach Futter suchen.

Merkmale In wenigen Worten wird hier das Aussehen der Vögel

Sicher bestimmen

beschrieben. In erster Linie geht es um auffällig gefärbte Gefiederpartien, aber auch die Angaben zur Gestalt können bei der Bestimmung eine wichtige Rolle spielen (siehe auch die Silhouetten auf den Seiten 10–13). Soweit möglich, wird schließlich der Gesang beschrieben – aber nicht immer ist es einfach, den Klang der Strophen in Worte zu fassen. Daher empfiehlt es sich, die Stimmen auf der CD anzuhören und mit den im Garten gehörten Gesängen zu vergleichen.

Vorkommen Zwar können alle in diesem Buch behandelten Vogelarten in unseren Gärten vorkommen, doch fast alle sind auch in anderen Lebensräumen anzutreffen. Als Bestimmungshilfe mögen auch diese Angaben hilfreich sein. So besuchen im Nadelwald lebende Arten wie Tannenmeise und Wintergoldhähnchen in der Regel nur dann einen Garten, wenn dort ebenfalls Nadelbäume wachsen.

Schwanzmeisen besuchen Gärten vor allem im Winter.

Gartentipps Bei vielen Vogelarten wird darauf hingewiesen, wie man sie im Garten ansiedeln kann (z. B. mit Nistkästen) oder ihnen in anderer Weise behilflich sein kann (z. B. mithilfe von Futterstellen oder Tränken). Näheres dazu finden Sie auch auf den Seiten 16–19.

Die Vogel-Gruppen

Der Hausrotschwanz brütet gern in Nischen an Häusern.

Während der Farbcode eine grobe Einschätzung hinsichtlich der Körpergröße erlaubt, finden Sie zur weiteren Charakterisierung der beobachteten Vögel **Silhouetten**, die eine Unterteilung nach der Gestalt ermöglichen. Gleichzeitig zeigen die Silhouetten in den meisten Fällen, welche Vogelarten nah miteinander verwandt sind, d. h. der gleichen Familie angehören.

Meisen Klein, rundlich, Schnabel eher dick. Turnen meist im Geäst.

Kleiber und Baumläufer Längliche spechtartige Gestalt, kurze Beine. Klettern an Stämmen und dicken Ästen.

Zaunkönig Klein, rundlich, mit sehr kurzem Schwanz. Flink im Unterholz unterwegs.

Braunellen Schlank, dünnschnäbelig. Huscht durch das Unterholz.

Zweigsänger Schlank, dünner Schnabel. Bewohner von Büschen und Bäumen, meist in Afrika überwinternd.

Fliegenschnäpper Schlank, dünnschnäbelig. Aufrechte Sitzhaltung, Macht Jagdflüge auf Insekten.

Die Vogel-Gruppen

Erdsänger, Drosseln und Star
Leicht rundlich, schlanker Schnabel. Aufrechte Sitzhaltung, Nahrungssuche oft am Boden.

Sperlinge, Finken und Ammern
Dicker Schnabel, eher rundliche Gestalt. Nahrungssuche oft am Boden oder an Stauden.

Schwalben und Segler Lange, spitze Flügel, gegabelter Schwanz. In der Luft nach Insekten jagend.

Stelzen Schlank, langschwänzig. Nahrungssuche am Boden mit wippendem Schwanz.

Tauben Plump, Hals, Schnabel und Kopf klein. Futtersuche am Boden.

Eulen Haltung aufrecht, Augen groß. Jagt nachts, tags meist ruhend.

Eichelhäher gehören zu den Rabenvögeln.

Spechte Kräftiger Meißelschnabel, kurze Beine, Stützschwanz. Klettert an Stämmen und dicken Ästen.

Rabenvögel Schnabel und Füße kräftig. Allesfresser, oft am Boden.

Enten Wasservögel mit rundlichem Kopf und breitem Schnabel. Schwimmhäute zwischen den Zehen.

Vögel beobachten

In unseren Gärten leben heute mehr Vogelarten als in vielen anderen Lebensräumen. Durch das Anpflanzen verschiedener Stauden, Büsche und Bäume sind Gärten reich an Strukturen und Nahrungsquellen, die viele verschiedene Vögel anlocken. So gibt es sowohl Buschbewohner als auch Waldvögel. Mit Häusern als künstlichen Felsen haben sich sogar Gebirgsvögel wie Hausrotschwanz und Mehlschwalbe in unseren Gärten angesiedelt.

Immer neue Beobachtungen Verhält man sich ruhig, sind Vögel im Garten meist gut zu beobachten, denn durch den häufigen Kontakt mit Menschen sind sie in der Regel nicht besonders scheu. Wegen der geringen Entfernung reicht schon ein einfaches Fernglas, um Details zu erkennen – sei es zur Bestimmung

oder um sie bei der Nahrungssuche zu beobachten.
Finken und Sperlinge suchen auf Beeten nach Samen, Amseln hüpfen über den Rasen und spähen

Der Gartenrotschwanz überwintert im tropischen Afrika.

nach Regenwürmern. Manche Vögel kommen nur kurz zu Besuch, um am Gartenteich, in einer Pfütze oder an einer Tränke Wasser aufzunehmen, andere sind kaum zu sehen, weil sie im Gebüsch Insekten von Blättern und Zweigen picken.

Vögel füttern

Im Sommerhalbjahr finden Vögel im für sie freundlich gestalteten Garten genug Futter. Da sich die meisten Arten im Sommer von Insekten ernähren, ist eine zusätzliche Fütterung nicht nötig, kann aber einige Körnerfresser unterstützen.

Beeren tragende Büsche locken Gimpel und andere Vögel in den Garten.

Vogelfütterung im Winter Die bei uns überwinternden Vögel sind dagegen größtenteils Körnerfresser. Erkennbar ist dies am relativ dicken

Schnabel. Diese Vogelarten kommen gern an Futterstellen, besonders wenn sie bei Schnee und gefrorenem Boden wenig andere Nahrung finden.

Futterhäuschen, Meisenknödel und Meisenringe sind sehr beliebt. Entscheidend ist, dass Sie nur geeignete Futtersorten wie z. B. Sonnenblumenkerne oder Hirsekörner verwenden. Bevorzugen Sie Mischungen aus dem Fachhandel. Wichtig ist aber auch, dass die Futterstelle und der Boden darunter sauber gehalten werden, um die Übertragung von Krankheiten zu vermeiden. Schließlich sollten Sie die Futterstelle unbedingt so anlegen, dass die Vögel nicht von Feinden wie beispielsweise Katzen erreicht werden können.

Haubenmeise

Nisthilfen im Garten

Reisighaufen sind für Zaunkönige eine gute Nisthilfe.

Stimmt das Umfeld, so brüten Vögel gern im Garten. Neben dichtem Gebüsch sind für Freibrüter besonders mit Kletterpflanzen bewachsene Hauswände interessant, zumal sie dort vor ihren Feinden einigermaßen sicher sind.

Nützliche Nistkästen Viele Arten brüten in Baumhöhlen. Da gerade in neueren Gärten alte Bäume mit Hohlräumen fehlen, können **Nistkisten** Abhilfe schaffen. Es gibt sie in verschiedenen Größen und mit unterschiedlich großen Einfluglöchern, passend für eine ganze Palette von Brutvögeln von der Blaumeise bis zur Dohle. Darüber hinaus gibt es auch **Halbhöhlenkästen** (z. B. für den Hausrotschwanz) oder **künstliche Schwalbennester**, die gerne zum Brüten angenommen werden.

Wichtig ist auch bei den Nisthilfen, dass sie so angebracht werden, dass Feinde keinen Zugang haben. Ferner müssen sie sauber gehalten, d. h. nach der Brutzeit gereinigt werden. Übrigens: Häufig werden Nistkästen auch zum Übernachten benutzt. Es kann deshalb nicht schaden, sie auch im Winter hängen zu lassen.

Blaumeisen

Die Vögel im Porträt

Blaumeise

1

12 cm · kleiner als Spatz

Wissenswertes
Die Blaumeise füttert zur Brutzeit ihren Nachwuchs mit Insekten. Im Winter treten als Nahrung Pflanzensamen in den Vordergrund.

Merkmale
Kappe blau, Rücken grün, Unterseite gelb, Flügel und Schwanz blau, weiße Flügelbinde. Gesang aus langem, mit 2–3 hohen Tönen eingeleitetem Triller; zeternde Rufe, die ähnlich wie »zerrrrrr« klingen.

Vorkommen
Lebt in Wäldern, Parks und Gärten. Ganzjährig.

Gartentipp
Blaumeisen sind häufig Gartenbewohner. Sie benutzen Nistkästen zum Brüten und besuchen im Winter Futterhäuser und Meisenringe.

Kohlmeise

14 cm · kleiner als Spatz

Wissenswertes
Im Durchschnitt wird eine Kohlmeise zweieinhalb Jahre alt, der älteste bekannte Vogel erreichte sogar ein Alter von 15 Jahren.

Merkmale
Unterseite gelb, schwarzer Bauchstreif, Kopf schwarz mit weißer Wange. Viele laute oder schnurrende Rufe; Gesang variabel, oft »zi-zi-bäh-zi-zi-bäh«.

Vorkommen
Bewohnt alle Lebensräume mit Bäumen, von Wäldern bis hin zu Innenstädten. Ganzjährig.

Gartentipp
Brütet gern in Nistkästen und besucht winterliche Futterstellen.

Tannenmeise

11 cm · kleiner als Spatz

Wissenswertes
Außerhalb der Brutzeit sind Tannenmeisen in Trupps unterwegs, oft zusammen mit anderen Meisen. Sind in Sibirien Fichtensamen rar, wandern sie von dort im Herbst scharenweise nach Europa.

Merkmale
Weißer Nackenfleck, 2 weiße Flügelbinden, Unterseite bräunlich. Singt monoton »wize-wize-wize-...«.

Vorkommen
Lebt in Nadelwäldern, aber auch in Gärten und Parks mit Nadelbäumen. Ganzjährig.

Gartentipp
Im Winter besuchen Tannenmeisen gern Futterstellen im Garten.

Sumpfmeise

4

12 cm · kleiner als Spatz

Wissenswertes

Die Sumpfmeise sucht sich Baumhöhlen mit engem Einflugloch oder kleiner Nestfläche, um nicht mit größeren Meisenarten ins Gehege zu kommen, doch ist in solchen engen Höhlen oft nicht Platz für ein vollständiges Gelege. In Spalten der Borke von Baumstämmen legen sich Sumpfmeisen gelegentlich Vorräte von Pflanzensamen an.

Merkmale

Schwarzer Kinnfleck klein, glänzend schwarze Kappe. Zeternde Rufe; der Gesang ist eine monotone Tonreihe wie »tjä-tjä-tjä-tjä-...«.

Vorkommen

Brütet in Laub- und Mischwäldern, im Winter auch in Gärten. Ganzjährig.

Haubenmeise

5

12 cm · kleiner als Spatz

Wissenswertes
Haubenmeisen bleiben als Brutpaare ihr Leben lang zusammen und bewohnen ihr Revier auch im Winter. Junge Vögel verpaaren sich bevorzugt mit bereits verwitweten Altvögeln. Bruthöhlen können sie mit dem Schnabel selbst in morsches Holz zimmern.

Merkmale
Schwarz-weiße Federhaube, Kehle schwarz, Oberseite einfarbig braun. Gesang aus hohen Lauten und tieferen Trillern: »si-si-dürrr-dürrr-...«.

Vorkommen
Lebt in Nadelwäldern sowie in Parks und großen Gärten mit Nadelbäumen. Ganzjährig.

Schwanzmeise (6)

14 cm · kleiner als Spatz

Wissenswertes
Schwanzmeisen turnen in Trupps von 10–20 Vögeln durch das Geäst von Büschen und Bäumen. Altvögel mit erfolglosen Bruten helfen anderen Paaren bei der Jungenaufzucht.

Merkmale
Kopf weiß mit schwarzem Streif, Schwanz sehr lang, winziger Schnabel. Hohe »zie«-Rufe sowie ein scharfes »zerrr«; Gesang leise.

Vorkommen
Lebt in Wäldern, Parks und Gärten. Ganzjährig.

Gartentipp
Immer häufiger besuchen Schwanzmeisen auch winterliche Futterstellen in Gärten.

Kleiber

 14 cm · kleiner als Spatz

Wissenswertes
> Der Kleiber klettert als einziger heimischer Vogel mit dem Kopf voran an Baumstämmen hinunter.

Merkmale
> Oberseite bläulich grau, Unterseite gelborange, kräftiger Schnabel, flacher Kopf. Ruft viel und laut, oft gereiht »tjüktjük-tjüktjük«.

Vorkommen
> Lebt in Wäldern, Parks und Gärten mit alten oder großen Bäumen. Ganzjährig.

Gartentipp
> Außer in Spechthöhlen, deren Einfluglöcher er mit Lehm verkleinert, brütet der Kleiber auch in Nistkästen, die an Bäumen aufgehängt sind.

Gartenbaumläufer ⑧

13 cm · kleiner als Spatz

Wissenswertes
Nachts kuscheln sich Baumläufer gern in Gruppen eng aneinander, um keine Wärme zu verlieren.

Merkmale
Unten weißlich, oben braun gemustert, dünner Schnabel. Singt laut »tü-ti-tilüit«.

Vorkommen
Lebt in Wäldern, Parks, Gärten und Grünzonen der Städte. Ganzjährig.

Gartentipp
Für Baumläufer gibt es spezielle Nistkästen. Man kann ihnen aber auch selbst gemachte Brutplätze anbieten, indem man zu einer Tasche gebogene Zweigbündel am Baumstamm befestigt.

Zaunkönig

9 cm · kleiner als Spatz

Wissenswertes
Das Zaunkönig-Männchen baut mehrere kugelförmige Nester, von denen sich das Weibchen eines zum Brüten aussucht. Das Nest wird auch zum Übernachten benutzt.

Merkmale
Kurzer, hochgestellter Schwanz. Schmetternder Gesang mit leiernden und trillernden Passagen, ruft hart »zrrrrt«.

Vorkommen
Lebt in Wäldern, Parks und Gärten. Ganzjährig.

Gartentipp
Reisighaufen in einer ruhigen Ecke des Gartens dienen dem Zaunkönig als Brutplatz und als Lebensraum für den Winter.

Heckenbraunelle

14 cm · kleiner als Spatz

Wissenswertes
Männchen und Weibchen haben zur Brutzeit jeweils ihre eigenen Reviere. Je nachdem, wie stark sich diese überlappen, kann ein Männchen mehrere Weibchen oder ein Weibchen bis zu 2 Männchen als Brutpartner haben. Außer durch ihren Gesang fallen Heckenbraunellen kaum auf, da sie meist im Unterholz umherhuschen.

Merkmale
Kopf überwiegend bläulich grau, dünner schwarzer Schnabel. Klirrender, von Buschspitzen aus vorgetragener Gesang.

Vorkommen
Bewohnt buschige Wälder, Feldgehölze, Hecken, Parks und Gärten. Ganzjährig.

Zilpzalp

 10 cm · kleiner als Spatz

Wissenswertes
Anders als der ähnliche Fitis überwintert der Zilpzalp im Mittelmeerraum. Er baut sein Nest auf oder nahe dem Boden. Bei der Nahrungssuche sieht man ihn dagegen eher in höheren Bereichen von Büschen und Bäumen.

Merkmale
Gefieder grünlich grau, Beine schwärzlich. Singt monoton »zilp-zalp-zilp-zalp -...«.

Vorkommen
Brütet in Wäldern, Parks und Gärten. März bis Oktober.

Gartentipp
Kletterpflanzen an Wänden und Mauern nutzt der Zilpzalp gern als Nistplatz.

Fitis

 11 cm · kleiner als Spatz

Wissenswertes
 Fitisse wandern erstaunlich weit: Nordskandinavische und osteuropäische Brutvögel ziehen bis nach Südafrika, mittel- und westeuropäische immerhin bis West- und Zentralafrika.

Merkmale
 Oberseite grünlich, Brust gelblich, Beine bräunlich. Melancholischer, in der Tonhöhe fallender Gesang mit Überschlag am Ende (»Buchfink in Moll«).

Vorkommen
 Lebt in lichten Wäldern und in offener Landschaft mit Baumgruppen. April bis September.

Gelbspötter

 13 cm · kleiner als Spatz

Wissenswertes
Der Gelbspötter fängt Insekten nicht im Flug, sondern liest sie von Zweigen und Blättern ab. Das Nest wird auf einem Ast gebaut. Bereits im Juli brechen die ersten Gelbspötter in Richtung ihres Winterquartiers auf, das in der Südhälfte Afrikas liegt.

Merkmale
Oben grün, unten gelblich, helles Flügelfeld. Schneller Gesang mit kratzenden und quäkenden Tönen, darunter oft der Ruf »Doktor Knie«.

Vorkommen
Lebt in feuchten Wäldern, Parks und großen Gärten. Mai bis September.

Mönchsgrasmücke

 13 cm · kleiner als Spatz

Wissenswertes
Während mitteleuropäische Mönchsgrasmücken am Mittelmeer überwintern, ziehen ihre nordeuropäischen Artgenossen bis in den Süden Afrikas.

Merkmale
Gefieder grau, Männchen mit schwarzer und Weibchen mit brauner Kappe. Der Gesang beginnt schwatzend, wird allmählich lauter und endet mit klaren Flötentönen.

Vorkommen
Lebt in Baumbeständen verschiedenster Art. März bis Oktober.

Gartentipp
Mönchsgrasmücken profitieren von Holunder- und anderen Beeren im Garten.

Gartengrasmücke

 14 cm · kleiner als Spatz

Wissenswertes
Auf dem Weg von Nordeuropa nach Süden nimmt die Gartengrasmücke im Herbst stetig an Gewicht zu. Grundlage dafür ist die ausgiebige Ernährung mit Holunderbeeren und anderen Früchten. Nach dem letzten »Auftanken« in Nordafrika überquert sie in einem Flug die Sahara und gelangt schließlich bis in ihr Winterquartier im Südteil Afrikas.

Merkmale
Gefieder grau. Eintönig schwatzender Gesang mit längeren Strophen als bei der Mönchsgrasmücke und ohne Flötentöne.

Vorkommen
Bewohnt Feldgehölze, Gebüsche und Waldränder. Mai bis September.

Klappergrasmücke 🔴16

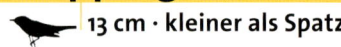 13 cm · kleiner als Spatz

Wissenswertes
Im Herbst führt der nach Südosten gerichtete Zug der Klappergrasmücken ins Winterquartier, das zwischen dem Sudan und Nigeria liegt.

Merkmale
Oberseite graubraun, Kehle weiß, Oberkopf grau. Beim Gesang folgt leisem, kaum hörbarem Gezwitscher ein lautes, leicht abfallendes »Klappern«.

Vorkommen
Bewohnt Waldränder, Hecken, Parks und Gärten. April bis September.

Gartentipp
Klappergrasmücken leben gern in buschreichen Gärten. Gut zu beobachten sind sie beim Trinken am Gartenteich.

Wintergoldhähnchen

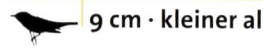
9 cm · kleiner als Spatz

Wissenswertes
Mit einem Gewicht von nur etwa 5 g ist das Wintergoldhähnchen der leichteste Vogel Europas. Im Geäst von Nadelbäumen pickt es unermüdlich kleine Insekten und Spinnen auf. Auch das mit Moos und Flechten gut gepolsterte Nest wird dort eingewoben.

Merkmale
Scheitel gelborange. Rhythmischer, wispernder Gesang in sehr hoher Tonlage, zum Ende hin ansteigend.

Vorkommen
Lebt in Nadelwäldern, aber auch in Parks und Gärten mit Nadelbäumen. Ganzjährig.

Sommergoldhähnchen ⑱

 9 cm · kleiner als Spatz

Wissenswertes
Das Sommergoldhähnchen befestigt sein kugelförmiges Nest an der Unterseite eines Zweigs und polstert es mit bis zu 800 Federchen aus. So bleiben die 0,6 g leichten Eier beim Brüten unbeschädigt. Es kommt aber zu Brutverlusten, weil viele Nester von Eichhörnchen, Siebenschläfern oder Eichelhähern ausgeraubt werden.

Merkmale
Oben leuchtend gelbgrün, Kopf schwarz-weiß gestreift, Scheitel gelborange. Ansteigender Gesang in hoher Tonlage, einförmiger als beim Wintergoldhähnchen.

Vorkommen
Bewohnt Nadel- und Mischwälder, auch in Parks mit Nadelbäumen. März bis November.

Grauschnäpper

15 cm · wie Spatz oder kleiner

Wissenswertes
Grauschnäpper brüten oft in leicht zugänglichen Halbhöhlen. Deshalb verlieren sie häufig ihre Brut durch räuberische Tiere.

Merkmale
Gefieder graubraun, Brust undeutlich gestrichelt. Ruft unauffällig »ziet« und warnend »zie-tek-tek«; Gesang besteht aus kurzer Folge unauffälliger Laute.

Vorkommen
Lebt an Waldrändern, in Baumgruppen und in baumbestandenen Siedlungen. Mai bis September.

Gartentipp
Mit aufgehängten Nistkästen kann man die Ansiedlung des Grauschnäppers im Garten fördern.

Trauerschnäpper

13 cm · kleiner als Spatz

Wissenswertes
Das Männchen des Trauerschnäppers besetzt oft 2 Brutreviere mit je einem Weibchen. Es muss sich dann um beide Bruten kümmern.

Merkmale
Oben dunkelgrau bis schwarz, unten weißlich, weißes Flügelfeld. Der Gesang beginnt mit lautem Auf und Ab (»wuti-wuti«), dem ein variables Zwitschern folgt.

Vorkommen
Brütet in Wäldern, Parks und Gärten. April bis September.

Gartentipp
Bei Mangel an Baumhöhlen benötigt der Trauerschnäpper Nistkästen, um sich als Brutvogel anzusiedeln.

Rotkehlchen

14 cm · kleiner als Spatz

Wissenswertes

Das Rotkehlchen baut sein Nest am Boden, bevorzugt unter Baumwurzeln oder Grasbüscheln.

Merkmale

Brust und Kehle orangerot mit bläulicher Umrahmung, Oberseite einfarbig braun. In der Tonhöhe abfallender, perlender Gesang, ruft scharf »tick«.

Vorkommen

Bewohnt Busch- und Baumbestände aller Art, von dichten Wäldern bis zu Parks und Gärten. Ganzjährig.

Gartentipp

An winterlichen Futterstellen sollte man dem Rotkehlchen auch Weichfutter anbieten.

Hausrotschwanz

14–15 cm · wie Spatz oder kleiner

Wissenswertes
> Seit dem 19. Jahrhundert ist der Hausrotschwanz in die künstlichen »Felslandschaften« menschlicher Siedlungen eingewandert.

Merkmale
> Gefieder schwarz bis graubraun, Schwanz rotorange. Singt eine helle Tonreihe mit gepresstem Fauchen und weiteren hellen Tönen.

Vorkommen
> Brütet in Dörfern und Städten. März bis Oktober.

Gartentipp
> Das Nest wird in Nischen und Spalten an Häusern gebaut. Halbhöhlen-Nistkästen können die Ansiedlung fördern.

Gartenrotschwanz 23

 14 cm · kleiner als Spatz

Wissenswertes
Der Gartenrotschwanz sucht seine Nahrung von Sitzwarten aus, bleibt dabei aber in der Nähe von Büschen und Bäumen.

Merkmale
Schwanz rotorange, Weibchen braun, beim Männchen Kehle schwarz, Brust orange. Gesang beginnt mit 1 hohen und 2 tiefen Tönen (»di-dada«), gefolgt von schwatzenden Lauten.

Vorkommen
Bewohnt lichte Wälder, Parks und Gärten. April bis September.

Gartentipp
Der Gartenrotschwanz bevorzugt Nistkästen mit ovalem Einflugloch.

Girlitz

12 cm · kleiner als Spatz

Wissenswertes
Zum Singen postiert sich der Girlitz auf Baumspitzen und Antennen oder vollführt von dort einen fledermausartigen Singflug.

Merkmale
Gefieder grün-gelb mit Strichelung, Schnabel kurz und dick. Schneller, quietschend-klirrender Gesang.

Vorkommen
Bewohnt Parks, Gärten und Siedlungen. Ganzjährig.

Gartentipp
In Gärten profitieren Girlitze von Nadelbäumen als Brutplätze sowie von der Pflege von Grasflächen und Beeten, durch die Pflanzensamen für die Vögel zugänglich werden.

Mauersegler

 16 cm · kleiner als Amsel

Wissenswertes
Der Mauersegler ist immer in der Luft, nur zum Brüten nicht. Er fliegt selbst beim Schlafen und beim Trinken an der Wasseroberfläche.

Merkmale
Schwarzbraun, Kehle weißlich, Flügel schmal und sichelförmig. Lange, schrille Flugrufe.

Vorkommen
Brütet in Städten und Dörfern, Nahrungssuche in allen Landschaftstypen. April bis August.

Gartentipp
Spezielle Nistkästen mit schmalen Einfluglöchern, die in oder an Dächern angebracht werden, ermöglichen Mauerseglern das Brüten.

Rauchschwalbe

17–19 cm · kleiner als Amsel

Wissenswertes
Das aus Lehm und Halmen zusammengeklebte Nest der Rauchschwalbe wird in Gebäuden oder unter niedrigen Brücken befestigt.

Merkmale
Oben blau schillernd, Kehle rostrot, lange Schwanzspieße. Zwitschernder Gesang.

Vorkommen
Brütet in Dörfern, Nahrungsflüge über Grünland oder Gewässern. März bis Oktober.

Gartentipp
Im Fachhandel sind Kunstnester erhältlich, die in Schuppen oder Ställen knapp unter der Decke angebracht werden sollten.

Mehlschwalbe

 13 cm · kleiner als Amsel

Wissenswertes
Die Mehlschwalbe jagt hoch über dem Erdboden in der Luft nach kleinen Insekten.

Merkmale
Unten weiß, oben schwarz, weißes Rückenfeld, Schwanz leicht gegabelt. Gesang leise und zwitschernd.

Vorkommen
Brütet in Städten und Dörfern. April bis Oktober.

Gartentipp
An der Außenwand von Gebäuden unter dem Dach angebrachte Kunstnester können die Ansiedlung von Mehlschwalben fördern. Unter die Nester montierte Kotbretter vermeiden unerwünschte Verschmutzung.

Bachstelze

 18 cm · kleiner als Amsel

Wissenswertes
Die Bachstelze ist durch ihre Bewegungen unverkennbar. Sie zeigt einen ausgeprägt wellenförmigen Flug, wippt fast ständig mit ihrem langen Schwanz und bei der Jagd nach Insekten rennt sie häufig ruckartig mit Trippelschritten ihrer Beute hinterher. Nähert sich ein Sperber oder eine Rabenkrähe, fliegt sie aufgeregt zwitschernd umher.

Merkmale
Gefieder schwarz-weiß, langer Schwanz. Unauffälliger Zwitschergesang.

Vorkommen
Lebt in Dörfern, Vorstädten und offener Landschaft, gern in Gewässernähe. März bis Oktober.

Nachtigall

16–17 cm · kleiner als Amsel

Wissenswertes
Die Nachtigall lebt sehr heimlich und ist meist nur zu hören. Ihre Nahrung sucht sie am Boden, bleibt dabei aber meist innerhalb des Gebüschs.

Merkmale
Oberseite und Schwanz rötlich braun, Brust leicht getönt. Lauter, überwiegend nächtlicher Gesang mit kräftigem »Schlagen« sowie pfeifendem »Schluchzen«.

Vorkommen
Bewohnt dichtes Gebüsch, bevorzugt an feuchten Standorten und in der Nähe von Gewässern. April bis August.

Star

22 cm · kleiner als Amsel

Wissenswertes
Stare ernähren sich sehr vielseitig: Neben Käfern und Insektenlarven fressen sie gern auch Kirschen und Beeren. Schwärmende Ameisen schnappen sie sogar hoch in der Luft im Flug.

Merkmale
Gefieder schwarz mit metallischem Glanz, Schnabel gelb. Gesang kratziges Quietschen und Pfeifen, imitiert andere Vögel.

Vorkommen
Brütet in Wäldern, Gärten und Dörfern, Nahrungssuche auch in offener Landschaft. Ganzjährig.

Gartentipp
Stare beziehen gern Nistkästen mit großem Einflugloch.

Haussperling, Spatz 31

15 cm · kleiner als Amsel

Wissenswertes
Oft finden sich mehrere Spatzenpaare zu kleinen Kolonien zusammen, die mitunter ein großes Gemeinschaftsnest mit mehreren Eingängen bauen.

Merkmale
Männchen unten grau, Kopf grauschwarz-weiß, Weibchen braun gemustert. »Gesang« aus einer Reihe langsam wiederholter »schilp«-Rufe.

Vorkommen
Bewohnt Städte und Dörfer, Nahrungssuche auch in offener Landschaft. Ganzjährig.

Gartentipp
Haussperlinge sind häufige Besucher von Futterstellen sowie Brutvögel an Häusern.

Feldsperling

14 cm · kleiner als Amsel

Wissenswertes
Auf der Suche nach Sämereien ist der Feldsperling oft gemeinsam mit Goldammern und Finken zu entdecken.

Merkmale
Schwarzer Wangenfleck, Kappe braun, weißer Nackenring. Stimme härter und rauer als die des Haussperlings.

Vorkommen
Lebt in Dörfern und Gärten, häufig in offener Landschaft. Ganzjährig.

Gartentipp
In Gärten brüten Feldsperlinge entweder in Baumhöhlen oder in Nistkästen. Im Winter sind sie Gäste an Futterstellen.

Buchfink

14 cm · kleiner als Amsel

Wissenswertes
Der Buchfink ist mit etwa 200 Millionen Brutpaaren die häufigste Vogelart in Europa.

Merkmale
Beim Männchen Kappe und Nacken blaugrau, unten rosa, Weibchen unten grau, oben grünlich, 2 weiße Flügelbinden. Laut schmetternder, abfallender Gesang mit Überschlag am Ende.

Vorkommen
Lebt in Wäldern, Parks, Gärten und anderen Baumbeständen. Ganzjährig.

Gartentipp
Als Körnerfresser besuchen Buchfinken im Winter gerne Futterstellen.

Grünfink

15 cm · kleiner als Amsel

Wissenswertes
Die Jungvögel des Grünfinks werden zunächst mit Blattläusen, dann mit zuvor im Kropf der Eltern aufgeweichten Samen gefüttert.

Merkmale
Gefieder gelblich grün, Schnabel dick. Abgehackt wirkender Gesang aus trillernden und zwitschernden Elementen mit langem, rauem Schlusston.

Vorkommen
Bewohnt Feldgehölze, Parks und Gärten. Ganzjährig.

Gartentipp
Hagebutten im Garten sind im Sommer und Herbst eine günstige Nahrungsquelle für Grünfinken.

Bluthänfling

13 cm · kleiner als Amsel

Wissenswertes
Obwohl der Bluthänfling im Garten brütet, sucht er seine Nahrung meist außerhalb von Orten an Wegrändern und auf Brachflächen.

Merkmale
Rücken braun, Kopf grau, Stirn und Brust rot. Gesang aus harten Tonreihen, Quäken und Trillern.

Vorkommen
Lebt in offener Landschaft mit dichtem Gebüsch, auch in Siedlungen. März bis Oktober.

Gartentipp
Zum Trinken und Baden besuchen Bluthänflinge gern Gartenteiche und im Garten aufgestellte Wasserschälchen.

Gimpel, Dompfaff 36

16 cm · kleiner als Amsel

Wissenswertes
Die Gimpelpaare finden oft schon im Herbst zusammen. Sie streifen im Winter gemeinsam umher und suchen ab März einen Nistplatz.

Merkmale
Schwarze Kappe, Männchen unten rosarot, Weibchen unten bräunlich rosa, Hinterrücken weiß. Gesang aus leisem Pfeifen und Trillern.

Vorkommen
Brütet in Mischwäldern und Parks, im Winter gerne auch in Gärten. Ganzjährig.

Gartentipp
Im Winter suchen Gimpel gern Futterstellen mit Körnern auf.

Stieglitz, Distelfink 37

12 cm · kleiner als Amsel

Wissenswertes
Der Stieglitz brütet gern in lockeren Gruppen von bis zu 10 Paaren. Diese gehen oft zusammen im kleinen Trupp auf Nahrungssuche. Mit ihrem spitzen Schnabel ziehen sie geschickt Distelsamen aus dem Blütenboden.

Merkmale
Kopf rot-weiß-schwarz, breite gelbe Flügelbinde, Rücken hellbraun. Leise zwitschernder Gesang mit eingeflochtenen »sti-ge-litt«-Rufen.

Vorkommen
Brütet in lichten Wäldern und in lockeren Baumbeständen, Nahrungssuche an Wegrändern und auf Brachflächen. Ganzjährig.

Kernbeißer

18 cm · kleiner als Amsel

Wissenswertes
Mithilfe seines überaus kräftigen Schnabels kann der Kernbeißer stabile Pflanzensamen – bis hin zum Kirschkern – knacken.

Merkmale
Schnabel sehr dick, Kopf kräftig orangebraun, graues Nackenband, Flügel schwarz-weiß, zigarrenförmiger Körper. Singt leise eine Mischung aus scharfen »zick«-Rufen mit lang gezogenen, gepressten Tönen.

Vorkommen
Brütet in Laub- und Mischwäldern, besucht auch Parks und Gärten. Ganzjährig.

Goldammer

16 cm · kleiner als Amsel

Wissenswertes
Als Nahrung für ihre Jungen sammeln die Goldammern Insekten. Im Herbst suchen sie Körner und sind dann oft mit Finken und Feldsperlingen zusammen zu sehen.

Merkmale
Kopf goldgelb, Oberseite braunschwarz gestreift, Hinterrücken rotbraun. Gesang aus mehreren kurzen Tönen und einem lang gezogenen Schlusston.

Vorkommen
Lebt in offener Landschaft mit Gebüschen und Hecken, an Waldrändern und in Waldlichtungen. Ganzjährig.

Amsel

24 cm · kleiner als Krähe

Wissenswertes
Vor 150 Jahren wanderte die Amsel allmählich von Wäldern aus in Gärten und andere städtische Lebensräume ein, in denen sie geeignete Nistplätze und reichlich Futter findet.

Merkmale
Männchen schwarz mit gelbem Schnabel, Weibchen braun mit schwarzem Schnabel. Flötender Gesang von erhöhter Warte aus.

Vorkommen
Bewohnt Wälder, kleine Gehölze und Siedlungen bis hin zur Großstadt. Ganzjährig.

Gartentipp
Amseln lassen sich gut bei der Nahrungssuche beobachten: Würmer und Insekten picken sie vom Rasen, Beeren aus dem Gebüsch.

Singdrossel

23 cm · kleiner als Krähe

Wissenswertes
Bei der Nahrungssuche hält sich die Singdrossel gern im Schutz des Unterholzes auf. Hier wird man oft nur durch das Rascheln des Laubs auf sie aufmerksam.

Merkmale
Oben braun, helle Brust kräftig gefleckt. Lauter Gesang aus kurzen, meist 2- bis 3-mal wiederholten Strophen.

Vorkommen
Brütet in Wäldern, Parks und Gärten. Februar bis November.

Gartentipp
Steine oder Treppenstufen benutzen Singdrosseln als »Schmiede«, um darauf Schneckenhäuser aufzuschlagen.

Ringeltaube

43 cm · kleiner als Krähe

Wissenswertes
Bäume bieten der Ringeltaube auch in der Stadt viele Nistmöglichkeiten. Auf Feldern sucht sie liegen gebliebene Körner, besonders Mais.

Merkmale
Gefieder graublau, Halsfleck und Flügelstreifen weiß. Fünfsilbiger, dumpfer Gesang »gru-gruh-gru-gu-gu« mit Betonung auf der 2. Silbe.

Vorkommen
Bewohnt Wälder, Parks und Gärten. Ganzjährig.

Gartentipp
Das Nest besteht nur aus wenigen kleinen Ästen, die in eine Astgabel gelegt werden.

Türkentaube

31 cm · kleiner als Krähe

Wissenswertes
Vom Balkan aus hat sich die hübsche Türkentaube seit 1920 rasant über ganz Europa ausgebreitet und als Brutvogel etabliert.

Merkmale
Gefieder hellbeige, schwarzer Nackenstreif, weißes Schwanzende. Singt kräftig und klar »hu-huuu-hu« mit Betonung auf der 2. Silbe.

Vorkommen
Bewohnt Dörfer und Städte mit Baumgruppen. Ganzjährig.

Gartentipp
Ihre einfachen Nester bauen Türkentauben in Bäumen, an Gebäuden, auf Fensterbrettern oder an Fallrohren.

Waldohreule

40 cm · kleiner als Krähe

Wissenswertes
Die Waldohreule benutzt Nester von Krähen und Greifvögeln. Ihr Revier markiert sie mit einem Balzflug, bei dem die Flügel unter dem Körper zusammenklatschen.

Merkmale
Augen orange, große »Federohren«. Gesang dumpfe »huh«-Laute.

Vorkommen
Brütet an Waldrändern und in Baumgruppen, nachts Jagd in offenem Gelände. Ganzjährig.

Gartentipp
Unter Schlafbäumen findet man Gewölle mit unverdauten Nahrungsresten wie Haaren, Federn und Knochen.

Buntspecht

24 cm · kleiner als Krähe

Wissenswertes
Der Buntspecht ist bei der Wahl des Lebensraums und in seiner Ernährung sehr vielseitig. Im Sommerhalbjahr bevorzugt er Insekten, im Winter sind die Samen von Nadelbäumen die Hauptnahrung, hinzu kommen Nüsse und Bucheckern. Seine mit dem Schnabel in Baumstämme gezimmerten Bruthöhlen werden später auch von anderen Vogelarten benutzt.

Merkmale
Gefieder schwarz-weiß, Unterschwanz rot. Ruft scharf »kick« oder gereiht »krrk-krrk-krrk-...«, trommelt schnell und kurz.

Vorkommen
Lebt in Wäldern, Parks und Gärten. Ganzjährig.

Elster

 46 cm · kleiner als Krähe

Wissenswertes
Elstern suchen am Boden nach Insekten, Regenwürmern und Aas. Sie brüten in kugelförmigen Nestern.

Merkmale
Gefieder schwarz-weiß mit metallischem Glanz, Schwanz sehr lang. Schackernde Rufe.

Vorkommen
Bewohnt halboffene Landschaft mit Büschen und Bäumen, Siedlungen und Parks. Ganzjährig.

Gartentipp
Obwohl Elstern auch Nester anderer Vögel plündern, haben sie nachweislich keinen negativen Einfluss auf die Bestände dieser Arten.

Eichelhäher

35 cm · kleiner als Krähe

Wissenswertes
Bei Nahrungsmangel verlassen nordeuropäische Eichelhäher ihre Heimat und kommen in Scharen nach Mitteleuropa.

Merkmale
Gefieder bräunlich rosa, schwarzblaue Flügelfedern, schwarzer »Bart«. Rätschende und viele andere Rufe, darunter Imitationen anderer Vogelstimmen.

Vorkommen
Lebt in Wäldern, Parks und Gärten. Ganzjährig.

Gartentipp
Im Herbst verscharren Eichelhäher Eicheln oder Nüsse als Wintervorrat im Garten.

Rabenkrähe

 47 cm · wie Krähe

Wissenswertes
Rabenkrähen brüten auf Bäumen oder Masten. Ihre Nester werden später oft von Falken oder Eulen bewohnt. Nicht brütende Vögel sind gesellig und sammeln sich abends an Schlafplätzen.

Merkmale
Gefieder schwarz, kräftiger dunkler Schnabel. Ruft laut und rau »krrah«.

Vorkommen
Lebt in offenen und halboffenen Landschaften, besucht auch Siedlungen. Ganzjährig.

Gartentipp
Um beispielsweise Walnüsse zu öffnen, lassen Krähen sie auf Dächer oder Straßen fallen.

Grünspecht

33 cm · wirkt fast krähengroß

Wissenswertes
Der Grünspecht hackt seine Bruthöhle in morsches Holz, trommelt aber viel seltener als andere Spechte.

Merkmale
Gefieder grün, Kappe rot. Lachende, glucksende Rufreihe »kjü-kjü-kjü-kjü-...«.

Vorkommen
Bewohnt Wälder mit Lichtungen sowie Parks und baumreiche Gärten, auch in Siedlungen. Ganzjährig.

Gartentipp
Auf dem Rasen oder auf der Straße kann man Grünspechte beobachten, die mithilfe ihrer langen, klebrigen Zunge Ameisen aufsammeln.

Stockente

 60 cm · wie Krähe oder größer

Wissenswertes
Wie bei allen Enten beschränkt sich der Beitrag der Stockenten-Männchen bei der Fortpflanzung auf die Begattung; Brüten und Aufziehen der Jungen ist allein Sache der Weibchen.

Merkmale
Kopf des Männchens metallisch grün, Schnabel gelb, Rücken grau. Weibchen braun gemustert. Quakende und pfeifende Laute.

Vorkommen
Lebt in Gewässern aller Art. Ganzjährig.

Gartentipp
Die Nester werden gut versteckt am Boden gebaut, aber auch in Gärten und mitunter sogar in Blumenkübeln oder auf Dächern.

Nützliche Adressen

Naturschutzbund Deutschland (NABU) e.V.
NABU-Bundesgeschäftsstelle
Charitéstraße 3, D-10117 Berlin
www.NABU.de

LBV – Landesbund für Vogelschutz in Bayern e.V.
Eisvogelweg 1, D-91161 Hilpoltstein
www.lbv.de

BirdLife Österreich – Gesellschaft für Vogelkunde
Museumsplatz 1/10/8, A-1070 Wien, Österreich
www.birdlife.at

Schweizer Vogelschutz SVS/BirdLife Schweiz
Wiedingstraße 78, CH-8036 Zürich
www.birdlife.ch

Vivara Naturschutzprodukte
Postfach 2520, D-41312 Nettetal-Kaldenkirchen
www.vivara.de

SCHWEGLER Vogel- und Naturschutzprodukte GmbH
Heinkelstraße 35, D-73614 Schorndorf
www.schwegler-natur.de

Zum Weiterlesen

Dierschke, V.: Welcher Vogel ist das? Die neuen Kosmos-Naturführer. 256 Seiten, KOSMOS 2007

Dierschke, V.: Welcher Gartenvogel ist das? 126 Gartenvögel einfach bestimmen. 128 Seiten, KOSMOS 2009

Haag, H. & S. Walentowitz: Mein erstes Was fliegt denn da? Unsere 50 wichtigsten Vögel kennen lernen. 64 Seiten, ab 8 Jahren, KOSMOS 2006

Haag, H.: Vögel füttern im Winter. 64 Seiten, KOSMOS 2010

Oftring, B.: Nix wie raus! 111 mal Natur entdecken und erleben. 96 Seiten, KOSMOS 2010

Richarz, K.: Ein Heim für Gartenvögel. Vögel beobachten, Nistkästen und Futterhäuser bauen. 80 Seiten, KOSMOS 2009

Schmid, U.: Vögel im Garten. Expertenrat aus erster Hand. 96 Seiten, KOSMOS 2009

Schmid, U.: Welcher Gartenvogel ist das? 100 Arten beobachten und erkennen. 192 Seiten, KOSMOS 2010

Singer, D. & J. C. Roché: Alle Vögel sind schon da. Vogelbuch, Stimmen-CD, Faltplan. 128 Seiten, KOSMOS 2010

Register

Amsel 100
Bachstelze 76
Blaumeise 22
Bluthänfling 90
Buchfink 86
Buntspecht 110
Distelfink 94
Dompfaff 92
Eichelhäher 114
Elster 112
Feldsperling 84
Fitis 44
Gartenbaumläufer 36
Gartengrasmücke 50
Gartenrotschwanz 66
Gelbspötter 46
Gimpel 92
Girlitz 68
Goldammer 98
Grauschnäpper 58
Grünfink 88
Grünspecht 118
Haubenmeise 30
Hausrotschwanz 64
Haussperling 82
Heckenbraunelle 40
Kernbeißer 96
Klappergrasmücke 52
Kleiber 34
Kohlmeise 24
Mauersegler 70
Mehlschwalbe 74
Mönchsgrasmücke 48
Nachtigall 78
Rabenkrähe 116
Rauchschwalbe 72
Ringeltaube 104
Rotkehlchen 62
Schwanzmeise 32
Singdrossel 102
Sommergoldhähnchen 56
Spatz 82
Star 80
Stieglitz 94
Stockente 120
Sumpfmeise 28
Tannenmeise 26
Trauerschnäpper 60
Türkentaube 106
Waldohreule 108
Wintergoldhähnchen 54
Zaunkönig 38
Zilpzalp 42

Impressum

Umschlaggestaltung von eStudio Calamar unter Verwendung zweier Aufnahmen von Peter Zeininger. Die Vorderseite zeigt ein Rotkehlchen, die Rückseite einen Zaunkönig.

Mit 78 Farbfotos von: 4 von Adam (61, 65, 115, 119), 1 von Angermeyer (55), 10 von Blickwinkel/Hecker (31, 51, 71, 75, 107, 87, 105, 128/6, 129/11, 129/12), 1 von Danegger (2/3), 11 von Leo/fokus-natur.de (4/5, 25, 89, 69, 93, 97, 99, 128/1, 128/3, 129/9, 129/15), 1 von Fünfstück (20/21), 1 von Fürst (85), 6 von Groß (15, 18, 59, 67, 79, 129/10), 4 von Grüner (43, 47, 57, 83), 20 von Hecker (17, 19, 23, 27, 29, 33, 45, 53, 63, 73, 77, 81, 113, 117, 121, 128/2, 128/4, 128/7, 129/14, 129/16), 1 von Höfer (34), 3 von Klees (41, 111, 128/8), 2 von Limbrunner (10, 37), 3 von Moosrainer (91, 95, 129/13), 1 von Nill (16), 1 von Synatzschke (109), 8 von Zeininger (6, 9, 13, 39, 49, 101, 103, 128/5).
Mit 15 Silhouetten von Wolfang Lang.

Unser gesamtes lieferbares Programm und viele weitere Informationen zu unseren Büchern, Spielen, Experimentierkästen, DVDs, Autoren und Aktivitäten finden Sie unter **www.kosmos.de**

© 2011 Franckh-Kosmos Verlags-GmbH
& Co. KG, Stuttgart

Alle Rechte vorbehalten
ISBN 978-3-440-12546-5
Projektleitung: Stefanie Tommes
Text: Dr. Volker Dierschke
Vogelstimmen auf der CD: Jean C. Roché
Lektorat und Satz: Barbara Kiesewetter
Grundlayout: eStudio Calamar
Produktion: Markus Schärtlein
Printed in Italy / Imprimé en Italie

KOSMOS.

Gut zu wissen.

Volker Dierschke | Welcher Vogel ist das?

256 Seiten, 1.800 Abb., €/D 9,95
ISBN 978-3-440-10796-6

Adler, Buntspecht und Spatz.
Über 440 Vogelarten aus ganz Europa werden in über 1300 Fotos und Zeichnungen vorgestellt. Die bewährte Einteilung nach der Strichfarbe und Entstehung garantieren eine einfach Handhabung.

www.kosmos.de/natur

Alles auf ein Blick.

978-3-440-10889-5

978-3-440-10795-9

978-3-440-10798-0

978-3-440-10797-3

978-3-440-10794-2

978-3-440-11955-6

Testen Sie Ihr Wissen:

1.
- ○ Kohlmeise
- ○ Blaumeise
- ○ Tannenmeise
- ○ Haussperling

5.
- ○ Amsel
- ○ Star
- ○ Hausrotschwanz
- ○ Singdrossel

2.
- ○ Blaumeise
- ○ Kohlmeise
- ○ Buchfink
- ○ Girlitz

6.
- ○ Mehlschwalbe
- ○ Rauchschwa[lbe]
- ○ Star
- ○ Mauersegler

3.
- ○ Grünfink
- ○ Zilpzalp
- ○ Wintergoldhähnchen
- ○ Girlitz

7.
- ○ Singdrossel
- ○ Amsel
- ○ Kernbeißer
- ○ Star

4.
- ○ Fitis
- ○ Gelbspötter
- ○ Zilpzalp
- ○ Gartengrasmücke

8.
- ○ Haussperling
- ○ Heckenbraun[elle]
- ○ Gartengrasmücke
- ○ Gartenbaumläufer

Auflösung: 1. Kohlmeise, 2. Blaumeise, 3. Girlitz, 4. Zilpzalp, 5. Amsel, 6. Mauersegler, 7. Star, 8. Heckenbraunelle